FORSCHUNGSBERICHTE DES LANDES NORDRHEIN-WESTFALEN

Nr. 3142 / Fachgruppe Hüttenwesen/Werkstoffkunde

Herausgegeben vom Minister für Wissenschaft und Forschung

Prof. Dr. rer. nat. Walther Neumann
Fachbereich Physikalische Technik
Fachhochschule Hagen - Abteilung Iserlohn -

Möglichkeiten und Grenzen
der holografischen Prüfung
von Verbundwerkstoffen

Westdeutscher Verlag 1982

CIP-Kurztitelaufnahme der Deutschen Bibliothek

Neumann, Walther:
Möglichkeiten und Grenzen der holografischen
Prüfung von Verbundwerkstoffen / Walther
Neumann. - Opladen : Westdeutscher Verlag,
1982.

(Forschungsberichte des Landes Nordrhein-
Westfalen ; Nr. 3142 : Fachgruppe Hütten-
wesen/Werkstoffkunde)

NE: Nordrhein-Westfalen: Forschungsberichte
des Landes ...

ISBN 978-3-531-03142-2   ISBN 978-3-322-87711-6 (eBook)
DOI 10.1007/978-3-322-87711-6
© 1982 by Westdeutscher Verlag GmbH, Opladen
Herstellung: Westdeutscher Verlag
Druck und buchbinderische Verarbeitung:
Lengericher Handelsdruckerei, 4540 Lengerich

Inhalt

1. Einleitung 3

2. Apparatur und Prüfverfahren 4

3. Allgemeine Angaben über Verbundwerkstoffe 6

4. Die holografische Ermittlung von Ablösungen in
   Sandwich-Verbundplatten mit Wabenkern 8

5. Die holografische Ermittlung von Fehlverleimungen in
   Verbundelementen aus Schichtstoff- und Spanplatten 14

   5.1 Beschreibung der Verbundelemente 14
   5.2 Versuchsdurchführung und Ergebnisse 15

6. Untersuchungen an glasfaserverstärkten Wickelrohren 19

   6.1 Beschreibung der GFK-Rohre 20
   6.2 Versuchsdurchführung und Ergebnisse 21

7. Die holografische Prüfung metallischer Überzüge 24

   7.1 Angaben zu den Prüfobjekten 24
   7.2 Versuchsdurchführung und Ergebnisse 25

8. Zusammenfassung 27

9. Literatur 30

10. Bildanhang 33

1. Einleitung

Bei den aus mehreren Schichten bzw. Komponenten aufgebauten Verbundwerkstoffen können besondere Werkstoffeigenschaften, beispielsweise eine große Biegesteifigkeit, ein hoher spezifischer Elastizitäts- oder Torsionsmodul bzw. eine hohe Zugfestigkeit bei geringer Dichte erreicht werden. Diese und andere Eigenschaften haben zu einem stetig wachsenden Einsatz von Verbundwerkstoffen in wichtigen Wirtschaftszweigen, u.a. in der Luft- und Raumfahrt, im Schiffbau, bei der Herstellung von Rohren und Behältern sowie im Transport- und Bauwesen geführt. Die wachsende Bedeutung von Verbundwerkstoffen wird auch durch spezielle Tagungen und zahlreiche Veröffentlichungen in Fachzeitschriften /1, ..., 11/ dokumentiert.

Ablösungen in Schichtverbundwerkstoffen sowie Faserschäden und Wickelfehler in Faserverbundwerkstoffen bzw. Wickelkörpern führen häufig zu einer Verringerung der Tragfähigkeit und Formbeständigkeit des Bauteils, zu einer rascheren Materialermüdung sowie zu einer schnelleren Beschädigung durch Umwelteinflüsse. Besonders in kritischen Anwendungsbereichen von Verbundbauteilen ist der Nachweis derartiger Fehler von großer Wichtigkeit und erfolgt aus Sicherheits- und Kostengründen zunehmend zerstörungsfrei.

Als wichtigste Verfahren zur zerstörungsfreien Prüfung von Verbundwerkstoffen können die Prüfung mit Röntgenstrahlen, akustische Prüfverfahren (Schallemission, Ultraschallprüfung), Wärmeflußverfahren (Thermographie, Infrarotemission), die Prüfung mit Eindringmitteln, die Schwingungsanalyse und die holografische Interferometrie genannt werden.

Die genannten Verfahren sind bisher allerdings zur Prüfung von Verbundwerkstoffen meist nur ungenügend erprobt oder nur zur Behandlung von Teilproblemen der zerstörungsfreien Prüfung geeignet. Bei der Röntgenprüfung ist beispielsweise eine intensive Weiterentwicklung mit dem Ziel einer verbesserten Detailerkennbarkeit erforderlich. Eine Ultraschallprüfung von Verbundwerkstoffen wird bei höheren Frequenzen durch die hohe Schallschwächung, bei niedrigeren Frequenzen durch das verminderte Fehlerauflösungsvermögen beeinträchtigt. Schallemissions-Verfahren sind zur Erfassung erster irreversibler Vorgänge in faserverstärkten Kunststoffen geeignet /12/, Wärmeflußmessungen für eine vergleichende Qualitätskontrolle, die Eindringmittelprüfung zur Erfassung von Oberflächenschäden, und Schwingungsuntersuchungen zur Bestimmung der Verformung bzw. Schädigung.

Ein Verfahren, das zur Ermittlung von Ablösungen, Faserschäden und Wickelfehlern in Verbundbauteilen besonders geeignet erscheint, ist die holografische Interferometrie, die bereits mit Erfolg zur Prüfung sehr unterschiedlicher Verbundwerkstoffe eingesetzt wurde /13, 14, 15/.

Bei den nachfolgend dargestellten Untersuchungen wurde diese Methode an mehreren Arten von Verbundwerkstoffen mit dem Ziel angewendet, die hiermit beim Nachweis von Materialfehlern erreichbaren Grenzen systematisch zu ermitteln. Hierdurch sollte ein Beitrag für eine möglichst optimale Anwendung der holografischen Interferometrie zur zerstörungsfreien Prüfung von Verbundwerkstoffen geleistet werden.

2. Apparatur und Prüfverfahren

Die Untersuchungen wurden mit dem Doppelbelichtungsverfahren der holografischen Interferometrie an einer Anlage durchgeführt, die als typisch für die zerstörungsfreie Werkstoffprüfung mit einem kontinuierlichen Laser zu bezeichnen ist. Da derartige Anlagen und ihre Anwendung bereits mehrfach - u.a. in /13/ - dargestellt wurden, soll hier nur eine kurze Beschreibung der Apparatur und des verwendeten Verfahrens vorgenommen werden.

Der von einem Argon-Ionenlaser erzeugte Lichtstrahl wird zunächst durch einen Teilerspiegel mit kontinuierlich einstellbarem Reflexionsvermögen in einen Objekt- und einen Referenzstrahl aufgespalten. Beide Strahlen werden zu Kugelwellen aufgeweitet und nach diffuser Reflexion vom Testobjekt, bzw. nach Umlenkung durch Oberflächenspiegel, auf einer hochauflösenden holografischen Fotoplatte bzw. einem entsprechenden Film überlagert. Wegen der Kohärenz des Laserlichtes interferieren die beiden Lichtwellen, so daß nicht nur ihre Intensitäten gespeichert werden, sondern auch ihre relative Phase. Nach der Entwicklung des holografischen Materials erhält man ein als Hologramm /16/ bezeichnetes mikroskopisches Interferenzmuster, aus dem durch Beleuchtung mit der Referenzwelle die ursprüngliche Objektwelle, d.h. ein naturgetreues, dreidimensionales Bild des Gegenstandes wiedergewonnen werden kann.

Die skizzierte Anordnung ist auch zur zerstörungsfreien Werkstoffprüfung mit dem Doppelbelichtungsverfahren der holografischen Interferometrie /13, 17/ geeignet. Hierbei überlagert man durch eine Doppelbelichtung zwei Hologramme des Testobjektes, das zwischen den beiden Belichtungen, beispielsweise durch eine geringe Temperaturänderung, um einige 10^{-3} mm verformt wurde. Da nun auch die beiden leicht unterschiedlichen Objektwellen auf der Hologrammplatte interferieren, erhält man bei der Wiedergabe ein von Interferenzlinien überzogenes Bild des aufgenommenen Gegenstandes. Diese Interferenzlinien sind näherungsweise als Linien konstanter Verformung aufzufassen, wobei für die dunkle Linie der Ordnung n entsprechend Bild 1 die Gleichung

$$d = [(2n + 1) \cdot \lambda] \cdot [2(\cos\theta_1 + \cos\theta_2)]^{-1} \qquad \text{gilt.}$$

d: Objektverformung; λ: Wellenlänge des Laserlichtes
θ_1: Einfallswinkel des Lichtes; θ_2: Beobachtungswinkel

Bei kleinen Winkeln θ_1 und θ_2 folgt hieraus ein Unterschied in der Verformung zwischen zwei benachbarten Interferenzlinien von etwa $\lambda/2$, d.h. von ca. 0,257 µm bei Verwendung der 0,514 µm Strahlung eines Argon-Lasers. Dieser Wert zeigt, daß Objektverformungen von einigen µm ausreichen, um Interferogramme mit den erforderlichen Liniendichten herzustellen. Da Materialfehler häufig die Objektverformung beeinflussen und zu Anomalien im Verlauf der Interferenzlinien, beispielsweise zu ausgeprägten Richtungsänderungen oder zu überlagerten kleineren Systemen geschlossener Interferenzstreifen führen, kann das holografische Doppelbelichtungsverfahren in vielen Fällen zur zerstörungsfreien Werkstoffprüfung eingesetzt werden.

3. Allgemeine Angaben über Verbundwerkstoffe

Herkömmliche Werkstoffe sind oftmals für die Realisierung moderner technischer Entwicklungen ungeeignet, so daß eine steigende Nachfrage nach neuartigen Werkstoffen besteht, die in der gewünschten Weise die Eigenschaften mehrerer Werkstoffarten kombinieren. Dies wird häufig durch mehrkomponentige Werkstoffe, d.h. durch Verbundwerkstoffe erreicht, die in

- Schichtverbundwerkstoffe,
- Faserverbundwerkstoffe,
- Teilchenverbundwerkstoffe und
- Oberflächenschutzschichten

aufgeteilt werden können und nachfolgend kurz beschrieben werden sollen.

Schichtverbundwerkstoffe, die auch als Kernverbunde oder Sandwichbauteile bezeichnet werden, bestehen aus einem Kernwerkstoff geringer Dichte, der durch beidseitig angeordnete Deckschichten versteift wird. Als Kernmaterialien kommen hauptsächlich

- Wabenstrukturen, insbesondere Hexagonalwaben aus Aluminium, Titan, harzgetränktem Natronpapier bzw. Glasfasergewebe,
- Tubuskerne aus Cellulose-Acetat,
- Hartschaum-, Preßspan- und Holzplatten

zur Anwendung. Als Deckschichtwerkstoffe werden vor allem

- Leichtmetall- und Stahlbleche sowie
- glas-, kohlenstoff- und borfaserverstärkte Kunststoffe

benutzt. Der Hauptvorteil derartiger Verbundkonstruktionen liegt in der beträchtlichen Gewichtseinsparung bei gleicher Tragfähigkeit bzw. Belastbarkeit wie Massivteile. Hieraus ergeben sich vielseitige Anwendungsmöglichkeiten insbesondere für die Luft- und Raumfahrtindustrie, beim Fahrzeug-, Behälter-, Boots- und Schiffbau sowie im Bauwesen.

Faserverbundwerkstoffe erhält man durch Einbettung von Fasern aus Glas, Kohlenstoff, Graphit, Bor, Al_2O_3, organischen Verbindungen, oder Fasersträngen (Rovings), Matten und Geweben hauptsächlich aus Glas, in einem Kunststoff (Kunstharz), einer Metallmatrix, einem keramischen Stoff oder einem Sinterprodukt. Hierdurch erreicht man einen hohen Elastizitäts- und Torsionsmodul, geringe Dichte, große Zugfestigkeit, gute Dämpfungseigenschaften sowie eine einfachere und kostengünstigere Herstellung auch komplizierterer Bauteile. Diese und weitere Materialeigenschaften führen zu Anwendungen, die teilweise bereits für Schichtverbundwerkstoffe genannt wurden. Aufgrund ihrer besonderen Eigenschaften werden Kohlenstoff- und Borfaserverbundwerkstoffe (CFK und BFK) auch im Triebwerks-, Maschinen-, Turbinen- und Ventilatorenbau sowie bei der Herstellung von Sportartikeln eingesetzt.

In Teilchenverbundwerkstoffen werden kleine Glaskugeln, Hohlkugeln aus Ruß, Thermoplast- und Metallpulver sowie verschiedene Zusatzstoffe auf Calcium- oder Siliziumbasis als Füllstoffe verwendet, um eine Verbesserung der mechanischen, thermischen oder elektrischen Eigenschaften, des Formschwindungs- oder Fließverhaltens, der Oberflächengüte bzw. des Verschleißwiderstandes zu erreichen.

Oberflächenschutzschichten, beispielsweise aus Al oder Cr, mit Dicken von einigen 10^{-3} mm bis zu einigen mm dienen hauptsächlich zur Verbesserung der Korrosions- und Verzunderungseigenschaften von metallischen Bauteilen.

Die nachfolgend dargestellten holografischen Untersuchungen wurden an
- Waben-Sandwichplatten und Verbundelementen aus Schichtstoff- und Spanplatten, d.h. an zwei Arten von Schichtverbundwerkstoffen,
- glasfaserverstärkten Wickelrohren aus der Kategorie der Faserverbundwerkstoffe und
- galvanisch vernickelten Messingblechen, d.h. an einer Oberflächenschutzschicht

durchgeführt.

4. Die holografische Ermittlung von Ablösungen in Sandwich-Verbundplatten mit Wabenkern

Sandwich-Verbundplatten mit Wabenkern werden in unterschiedlichen Ausführungen /8/ als Leichtbau-Konstruktionselemente in zahlreichen Anwendungsgebieten, beispielsweise in der Luft- und Raumfahrt sowie im Fahrzeug-, Boots- und Behälterbau eingesetzt. Ablösungen zwischen der Deckschicht und dem Wabenkern können nicht nur zu Verformungen des entsprechenden Bauteils führen, sondern auch eine Verminderung der Biegesteifigkeit bewirken.

Wie die Ergebnisse früherer Untersuchungen /13, 14/ zeigen, eignet sich die holografische Interferometrie in hervorragender Weise für die zerstörungsfreie Prüfung derartiger Verbundwerkstoffe. Als Methoden für die erforderliche Objektverformung kamen hierbei neben der meist benutzten Temperaturänderung auch eine Schwingungsanregung im Ultraschallbereich sowie eine Biegebeanspruchung durch einen Über- oder Unterdruck zur Anwendung. Ein systematischer Vergleich der Ergebnisse, die mit verschiedenen Belastungsarten an fehlerhaften Waben-Sandwichplatten erhalten wurden, erfolgte in /18/ und soll in dem vorliegenden Bericht nochmals zusammenfassend dargestellt werden.

Als Testobjekt diente eine Waben-Sandwichplatte mit den Maßen 200 mm × 200 mm × 15 mm, die aus einem harzgetränkten, hexagonalen Papier-Wabenkern mit einer beidseitig aufgeklebten GFK-Deckschicht bestand. Eine der beiden Deckschichten war - äußerlich nicht sichtbar - in einem Bereich von ca. 8 cm^2 vom darunterliegenden Wabenkern abgelöst und zeigte somit einen Verbindungsfehler, der holografisch nachzuweisen war.

Für die holografische Prüfung kamen folgende Arten der Objektverformung zur Anwendung:

- Thermische Verformung der Verbundplatte durch Warmluftzufuhr
    a) an der vom Laserlicht beleuchteten Plattenvorderseite
    b) an der Rückseite der Platte

- Schwingungsanregung im akustischen Frequenzbereich

- Schwingungsanregung im Ultraschallbereich

- Biegebeanspruchung durch einen Überdruck

- Ausnutzung des viskoelastischen Verhaltens der Verbundplatte nach einer Druckbeanspruchung

Diese Untersuchungen führten zu den nachfolgend zusammengestellten Ergebnissen:

- <u>Thermische Objektverformung</u>

Bild 2 zeigt ein holografisches Doppelbelichtungs-Interferogramm, das bei Erwärmung der Plattenvorderseite, auf der sich auch der abgelöste Bereich befand, erhalten wurde. Bei der ersten Belichtung der Hologrammplatte zur Aufnahme des Bezugshologramms befand sich das Objekt im thermischen Gleichgewicht mit der Umgebung. Danach erfolgte eine leichte Erwärmung der Deckschicht (El. Leistung des Warmluftgerätes: 800 W, Abstand zur Verbundplatte: 25 cm, Dauer der Warmluftzufuhr: 0,5 s) und unmittelbar danach die zweite Belichtung des holografischen Materials.

Auf dem Interferogramm von Bild 2 erkennt man zunächst um den Bereich maximaler Erwärmung ein System geschlossener Interferenzlinien, das die thermische Verformung der am Rand eingespannten Platte wiedergibt. In der rechten oberen Plattenecke überlagert sich diesem Interferenz-Grundmuster ein kleineres System geschlossener Interferenzstreifen, das durch eine wesentlich höhere Liniendichte gekennzeichnet ist und die Ablösung zwischen Deckschicht und Wabenkern sichtbar werden läßt. Dies zeigt, daß sich der abgelöste Bereich bei der thermischen Verformung gegenüber der unmittelbaren Umgebung um einige 10^{-3} mm aufgewölbt hat und hierdurch deutlich in Erscheinung tritt.

Da für die praktische Durchführung dieser holografischen Prüfung eine Erwärmung von der Rückseite her günstiger wäre - die Wärmequelle müßte in diesem Fall vor der zweiten Aufnahme nicht mehr entfernt werden - wurden auch Untersuchungen dieser Art vorgenommen. Die hierbei erhaltenen Ergebnisse ermöglichen zwar ebenfalls einen eindeutigen Fehlernachweis /18/, im Vergleich zu Bild 2 aber nur eine wesentlich ungenauere Aussage über die Größe und Form des Fehlers. Eine Erwärmung der vorderen Deckschicht ist deshalb unbedingt vorzuziehen.

- Objektverformung durch eine Schwingungsanregung im akustischen Frequenzbereich

Da Materialfehler und -inhomogenitäten in empfindlicher Weise das Schwingungsverhalten von Metallplatten im akustischen Bereich beeinflussen /19, 20/, war es naheliegend zu überprüfen, ob dies auch für Deckschichtablösungen in Waben-Sandwichplatten gilt. Zu diesem Zweck wurde die am Rand eingespannte Testplatte bei 810 Hz zu ihrer Grundschwingung und bei 2110 Hz zu ihrer (2,1)-Schwingung [+)] angeregt und mit dem Zeitmittelungsverfahren der holografischen Interferometrie /13/ untersucht. Dabei wurde festgestellt, daß die Interferenzlinien im Fehlerbereich eine ausgeprägte Richtungsänderung erfahren, so daß die Ablösung deutlich sichtbar wird /18/. Dieses Verfahren ist allerdings wesentlich umständlicher als der holografische Fehlernachweis bei thermischer Objektverformung, da zunächst die Resonanzfrequenzen zu ermitteln sind. Außerdem wirken sich die Dämpfungseigenschaften von Sandwichplatten bei einer Schwingungsanregung im akustischen Bereich ungünstig aus.

- Objektverformung durch eine Schwingungsanregung im Ultraschallbereich

Oberflächennahe Ablösungen in Verbundwerkstoffen können wie

[+)] Die Schwingungsmoden einer am Rand eingespannten, rechteckigen Platte sind durch Knotenlinien charakterisiert, die parallel zu den Rändern verlaufen. Unter einer (m,n)-Schwingung versteht man eine Schwingungsform mit m Schwingungszentren in x- und n Schwingungszentren in y-Richtung einer entsprechend ausgerichteten Platte.

kleine Membranen bei einer Frequenz

$$f = K \cdot \frac{d}{r^2}$$

zu ihrer Grundschwingung angeregt werden. Hierbei ist K eine Materialkonstante, d der Abstand des Fehlers von der Oberfläche und r der Radius der als kreisförmig angenommenen Ablösung. Im allgemeinen ergeben sich hieraus Frequenzen im Bereich von einigen 10^4 Hz, die mit elektromagnetischen oder piezoelektrischen Schwingerregern erzeugt werden können.

Bei der gegebenen Waben-Sandwichplatte lag die Grundfrequenz des abgelösten Deckschichtbereichs bei 19,5 kHz. Eine Schwingungsanregung bei dieser Frequenz führte zu dem auf Bild 3 dargestellten holografischen Zeitmittelungs-Interferogramm, das die Größe und Form der Ablösung sehr deutlich erkennen läßt.

- <u>Objektverformung durch eine Druckbeanspruchung</u>

Die für eine holografische Untersuchung erforderliche Objektänderung kann auch durch eine Differenz des äußeren Gasdrucks zwischen Vorder- und Rückseite der Verbundplatte erreicht werden. Hierdurch tritt an der Platte eine Biegebeanspruchung auf, die bei geeigneter Wahl der Druckdifferenz Δp eine Verformung in der gewünschten Größenordnung von einigen 10^{-3} mm bewirkt. Da fehlerhafte Bereiche in Verbundwerkstoffen bei einer derartigen Beanspruchung eine andere Verformung erwarten lassen als die fehlerfreie Umgebung, wurde diese Methode der Objektänderung auch bei der holografischen Untersuchung der gegebenen Waben-Sandwichplatte verwendet.

Zur praktischen Durchführung dieser Prüfung wurde die Wabenplatte als Rückseite einer kleinen Druckkammer benutzt, deren Vorderseite wegen der erforderlichen Lichtdurchlässigkeit aus einer Glasplatte bestand. In dieser Druckkammer konnte wahlweise ein geringer Über- oder Unterdruck Δp hergestellt werden, dessen günstigster Wert durch Vorversuche ermittelt wurde.

Als Ergebnis dieser Untersuchungen zeigt Bild 4 ein Doppel-

belichtungs-Interferogramm, das wie folgt hergestellt wurde:
Nach der Aufnahme des Bezugsholgramms bei einem Überdruck von
+ 2 mbar erfolgte der Druckausgleich, d.h. die Herstellung von
Atmosphärendruck in der Druckkammer und danach die zweite Belichtung der Hologrammplatte.

Ähnlich wie bei Abb. 2 erkennt man auch auf Bild 4 im mittleren
Bereich geschlossene Interferenzlinien, deren Verlauf die Biegung der Wabenplatte unter der Druckbeanspruchung wiedergibt.
Am Ort der Ablösung tritt ein System wesentlich engerer Interferenzlinien auf, aus denen die starke Verformung der Verbundplatte im Fehlerbereich hervorgeht. Hierdurch wird die Ablösung
sehr deutlich sichtbar.

- Viskoelastische Objektverformung

Das viskoelastische Verhalten von Wabenplatten bietet eine
weitere Möglichkeit für den holografischen Nachweis von Ablösungen. Dies soll zunächst durch einige Vorbemerkungen erläutert
werden:

Kunststoffe zeigen im allgemeinen bereits bei Raumtemperatur
unter dem Einfluß einer konstanten äußeren Belastung ein zeitabhängiges Weiterverformen, das als Kriechen bezeichnet wird.
Nach der Entlastung läuft diese viskoelastische Verformung in
umgekehrter Richtung ab, und die Probe kehrt mit einer vom Material und den Versuchsbedingungen bestimmten Zeitabhängigkeit
in ihren Ausgangszustand oder einen hiervon etwas abweichenden
Endzustand zurück. Bei geeigneter Größe und Dauer der Lasteinwirkung, Temperatur und Wartezeit müßte ein holografisches
Doppelbelichtungs-Interferogramm genaue Informationen über die
Rückverformung selbst kleinerer Objektbereiche liefern, wobei
Materialfehler die Spannungsverteilung beeinflussen und als
Anomalien im Verlauf der Interferenzlinien in Erscheinung treten
dürften.

Bild 5 zeigt die Bestätigung dieser Annahme für die gegebene
Wabenplatte, wobei die Untersuchungen folgendermaßen vorgenommen
wurden:

Zunächst wurde die Verbundplatte auf zwei Metallblöcke gelegt, die soweit auseinander gezogen waren, daß lediglich zwei ca. 15 mm breite Randstreifen der Wabenplatte auflagen. Danach erfolgte die viskoelastische Verformung durch eine Masse von 2,2 kg, die während einer Zeitdauer von 12 min in der Mitte der Platte aufgelegt war und eine Biegebeanspruchung bewirkte. Das Bezugshologramm wurde 15 s nach dem Entfernen der Last aufgenommen, die Überlagerung des zweiten Hologramms geschah nach einer weiteren Wartezeit von 5 min.

Das auf diese Weise erhaltene holografische Interferogramm gibt die Rückverformung der Verbundplatte zwischen den beiden Aufnahmen wieder. Man erkennt auf Bild 5 ein die gesamte Verformung darstellendes Interferenz-Grundmuster, dessen Verlauf im Bereich der Ablösung gestört ist, so daß diese sehr deutlich in Erscheinung tritt.

Ähnliche Ergebnisse werden auch erhalten, wenn man den Ausgangszustand der viskoelastischen Verformung in der Druckkammer durch einen Über- oder Unterdruck herbeiführt.

Zusammenfassend kann festgestellt werden, daß eine holografische Prüfung von Waben-Sandwichplatten mit Ablösungen zwischen der Deckschicht und dem Wabenkern in vielfältiger Weise möglich ist. Als Methoden der Objektverformung kommen hierbei eine Temperatur- oder Druckänderung, eine Schwingungsanregung im Ultraschallbereich und die Ausnutzung der viskoelastischen Eigenschaften des Materials in Betracht. Für diese Arten der Objektverformung waren wesentliche Unterschiede im erreichbaren Fehlerauflösungsvermögen nicht festzustellen, wobei davon auszugehen ist, daß Ablösungen von der Größe einer einzelnen Wabe noch nachgewiesen werden können. Eine Festlegung auf eine bestimmte Methode der Objektverformung sollte erst nach Abschätzung des jeweils erforderlichen experimentellen und zeitlichen Aufwands erfolgen. Unter diesen Gesichtspunkten scheint allerdings eine thermische Objektverformung besonders geeignet zu sein.

5. Die holografische Ermittlung von Fehlverleimungen in Verbundelementen aus Schichtstoff- und Spanplatten /21/

Bei der Herstellung von Verbundelementen aus Schichtstoff- und Spanplatten, die in der Möbelindustrie und beim Innenausbau von Gebäuden vielseitige Verwendung finden, können qualitäts- und festigkeitsmindernde Fehlverleimungen auftreten. Da man zur Ermittlung derartiger Fabrikationsfehler bisher kein geeignetes zerstörungsfreies Prüfverfahren kannte, war es naheliegend, auch an diesem Verbundwerkstoff systematische Untersuchungen mit dem Doppelbelichtungsverfahren der holografischen Interferometrie durchzuführen. Hierdurch sollten Aussagen über die Eignung dieses Verfahrens zur zerstörungsfreien Prüfung derartiger Verbundelemente und zum erreichbaren Fehlerauflösungsvermögen gewonnen werden.

5.1 Beschreibung der Verbundelemente

Die Untersuchungen wurden an dekorativen Schichtstoffplatten (dks-Platten) durchgeführt, die unter Verwendung eines Kondensationsharz-Klebstoffs mit einem Spanplattenträger verklebt waren. Schichtstoffplatten bestehen aus mehreren Lagen melamin- und phenolharzgetränkter Papiere. An der Oberfläche befindet sich ein Dekorpapier, das durch ein Overlaypapier geschützt wird. Für diese Papiere wird Edelzellulose verwendet, die mit dem widerstandsfähigen Melaminharz getränkt ist. Der darunter liegende Kern besteht aus 4 - 10 Lagen Spezial-Natronpapier, getränkt mit dem elastischeren Phenolharz. Die geschichteten, imprägnierten Papiere werden in Pressen bei Temperaturen von rd. 150 $^\circ$C und einem Preßdruck von 7 - 10 N/mm^2 ausgehärtet, auf Fertigmaß gebracht und für die Verleimung auf der Rückseite angeschliffen. Sie sind nach einigen Tagen, nach Beendigung eines gewissen Nachschwindungsvorgangs für die Verklebung mit dem Trägermaterial geeignet.

Da für die holografische Untersuchung eine möglichst hohe und diffuse Reflexion des einfallenden Laserlichtes vorteilhaft ist, wurden für die Prüfobjekte helle, leicht strukturierte Oberflächen ausgewählt. Beim Verkleben der Schichtstoffplatten

mit einem 30 mm bzw. 40 mm dicken Spanplattenträger wurden
kreisförmige Bereiche von 10 - 100 mm Durchmesser klebstoffrei
gehalten, so daß sich entsprechende Fehlverleimungen ergaben,
die holografisch nachgewiesen werden sollten. Wegen der zu erwartenden
Abhängigkeit des holografisch erreichbaren Fehlerauflösungsvermögens
von der Dicke d der Schichtstoffplatte
wurden die Untersuchungen nicht nur für mehrere Werte des Durchmessers
D der Fehlverleimung, sondern auch für die drei Schichtstoffplattendicken
d = 0,6 mm; 0,8 mm und 1,2 mm durchgeführt.

5.2 Versuchsdurchführung und Ergebnisse

Bei der holografischen Prüfung der beschriebenen Verbundelemente
wurden mehrere Methoden der Objektverformung erprobt. Hierbei
handelte es sich um:

- eine thermische Verformung,
- eine Verformung durch einen Über- oder Unterdruck,
- eine viskoelastische Rückverformung nach einer Biegebeanspruchung.

Unabhängig von der Methode der Objektverformung lassen sich die
erhaltenen Interferogramme, deren Interferenzmuster im Bereich
der Fehlverleimung stark von den Parametern d und D abhängt,
einer der drei nachfolgenden Kategorien zuordnen:

Bei den Interferogrammen des Typs "A" ist dem Interferenz-Grundmuster,
das die Verformung der ganzen Testplatte wiedergibt, im
Fehlerbereich ein kleineres System geschlossener Interferenzstreifen
überlagert. Dieses System, das eine höhere Liniendichte
als das Grundmuster aufweist, läßt die Aufwölbung des abgelösten
Deckschichtbereichs und somit auch die Fehlverleimung in sehr
auffallender Weise sichtbar werden.

Bei den Interferogrammen des Typs "B" zeigen die Interferenzlinien
im Fehlerbereich eine Richtungsänderung, die mit wachsender
Dicke der Schichtstoffplatte und abnehmendem Durchmesser
der Fehlverleimung immer geringer wird. Der Materialfehler ist
zwar auch in diesem Fall noch einwandfrei nachzuweisen, er tritt

aber nicht mehr so deutlich in Erscheinung wie bei einem Interferogramm des Typs "A". Eine Verdeutlichung des Fehlerbereichs kann allerdings durch zusätzliche experimentelle Maßnahmen, beispielsweise durch das "Fringe-Control"-Verfahren /22/ erreicht werden, bei dem im Interferenzmuster die Grundstruktur subtrahiert wird.

Interferogramme des Typs "C" zeigen lediglich das Interferenz-Grundmuster, das auch im Bereich der Fehlverleimung keine Besonderheiten aufweist. Der Nachweis des Fehlers ist deshalb in diesem Fall nicht möglich.

Da der Übergang zwischen den drei Arten von Interferogrammen, insbesondere von "B" nach "C" kontinuierlich geschieht, sind Aussagen über die jeweils erfaßbare Mindestfehlergröße mit einer gewissen Unsicherheit behaftet. Nachfolgend werden die Interferogramme aber immer nur dann dem Typ "B" und nicht "C" zugeordnet, wenn auch für einen ungeübten Betrachter im Fehlerbereich eine deutliche Richtungsänderung im Verlauf der Interferenzlinien festzustellen ist.

Bei der holografischen Prüfung dieser Verbundplatten wurden folgende Ergebnisse erzielt:

- <u>Thermische Objektverformung</u>

Nach der Aufnahme des Bezugshologramms, bei der sich die Verbundplatte stets im thermischen Gleichgewicht mit der Umgebung befand, wurde die Temperatur der zum Laserstrahl gerichteten Objektoberfläche um einige $^\circ$C erhöht und danach die zweite Belichtung der Hologrammplatte vorgenommen. Die Bilder 6, 7 und 8 zeigen einige charakteristische Ergebnisse dieser Untersuchungen an Verbundelementen mit einer kreisförmigen Fehlverleimung von 50 mm Durchmesser, und man erkennt hieran den beträchtlichen Einfluß der Schichtstoffplattendicke d. Während für d = 0,6 mm (Bild 6) im Fehlerbereich ein geschlossenes Interferenzliniensystem auftritt, d.h. ein Interferogramm des Typs "A" vorliegt, ist für d = 0,8 mm (Bild 7) am Ort des Fehlers lediglich eine Richtungsänderung einzelner Interferenzlinien zu erkennen

(Interferogramm des Typs "B"). Für d = 1.2 mm (Bild 8) zeigt das Interferogramm nur das ungestörte Grundmuster ohne Besonderheiten im Fehlerbereich, so daß es sich nun um ein Interferogramm des Typs "C" handelt.

Weitere Untersuchungen ergaben für die kleinste nachweisbare Fehlverleimung bei thermischer Objektverformung einen Durchmesser von

$$D = 40 \text{ mm für } d = 0,6 \text{ mm}$$
$$D = 50 \text{ mm für } d = 0,8 \text{ mm}$$
$$D = 60 \text{ mm für } d = 1,2 \text{ mm}.$$

Wie bereits erwähnt, sind Aussagen über das erreichbare Fehlerauflösungsvermögen wegen der Schwierigkeiten bei der Zuordnung der Interferogramme zum Typ "B" oder "C" mit einer gewissen Unsicherheit behaftet. Durch Ablösen der Deckschicht wurde auch festgestellt, daß die fehlverleimten Bereiche leichte Abweichungen von der angestrebten kreisrunden Form zeigen. Außerdem bewirken die Holzfasern an der Oberfläche der Spanplatte einen etwas unscharfen Übergang zwischen dem fehlverleimten Bereich und der einwandfrei verleimten Umgebung. Die vorherigen Angaben über die nachweisbare Mindestgröße der Fehlverleimung sind deshalb als Maximalwerte zu betrachten, die wahrscheinlich noch um etwa 2 mm verringert werden können.

- <u>Objektverformung mittels Unterdruck</u>

Für diese Untersuchungen wurde die gleiche Druckkammer wie bei den Messungen an der Wabenplatte benutzt, die weitere Experimentiertechnik wich hiervon allerdings geringfügig ab. Das Bezugshologramm wurde bei belüfteter Druckkammer hergestellt, das zweite Hologramm bei einem Unterdruck von maximal 90 mbar. Auf diese Weise wurden Interferogramme mit einem wesentlich besseren Fehlerauflösungsvermögen erzielt als nach einer thermischen Objektverformung. Bei einem Durchmesser der Fehlverleimung von 50 mm ergaben sich nicht nur für die Schichtstoffplattendicke d = 0,6 mm, sondern auch für d = 0,8 mm und 1,2 mm Interferogramme des Typs "A". Für D = 18 mm, d.h. bei einem Durchmesser

der Fehlverleimung, der bei thermischer Objektverformung bereits
nicht mehr nachgewiesen werden konnte, wurden Ergebnisse entsprechend der Bilder 9 - 11 erhalten. Hierbei ist die Fehlverleimung für d = 0,6 mm (Bild 9) und d = 0,8 mm (Bild 10) sehr
deutlich, für d = 1,2 mm (Bild 11) gerade noch festzustellen.

Aus weiteren Untersuchungen ergaben sich bei einer Objektverformung mittels Unterdruck folgende Fehlernachweisgrenzen:

$$D = 9 \text{ mm für } d = 0,6 \text{ mm}$$
$$D = 12 \text{ mm für } d = 0,8 \text{ mm}$$
$$D = 18 \text{ mm für } d = 1,2 \text{ mm}$$

- <u>Viskoelastische Objektverformung</u>

Auch bei diesen Experimenten war die Verbundplatte in die bereits beschriebene Druckkammer eingebaut. Dort wurde sie während
einer Zeitdauer von 10 min einem Unterdruck ausgesetzt, der je
nach Durchmesser D der Fehlverleimung und Dicke d der Schicht-
stoffplatte zwischen 10 mbar und 930 mbar lag und somit wesentlich höher als bei den vorher beschriebenen Druckversuchen war.
Unmittelbar nach dem Belüften der Druckkammer, d.h. nach dem
Entlasten des Prüfobjekts erfolgte die erste Belichtung der
Hologrammplatte zur Erzeugung des Bezugshologramms. Nach einer
Wartezeit von maximal 10 min ergab sich eine viskoelastische
Rückverformung von einigen 10^{-3} mm. Die dann vorgenommene zweite
Belichtung der Hologrammplatte führte zu holografischen Doppel-
belichtungs-Interferogrammen, auf denen in vielen Fällen die
Fehlverleimung deutlich sichtbar war. Das hierbei erreichbare
Fehlerauflösungsvermögen entsprach dem nach einer Objektverfor-
mung mittels Unterdruck und war somit ebenfalls wesentlich
besser als nach einer thermischen Verformung.

Bei D = 50 mm ergaben sich für die drei untersuchten Deckschichtdicken Interferogramme des Typs "A", so daß der Durchmesser der
Fehlverleimung weiter verringert werden konnte. Die von den
Testplatten (D = 18 mm; d = 0,6 mm) und (D = 18 mm; d = 0,8 mm)
erhaltenen Interferogramme sind auf den Bildern 12 und 13 dargestellt, die keinen wesentlichen Unterschied gegenüber den

entsprechenden Ergebnissen bei einer Objektverformung mittels
Unterdruck (Bilder 9 und 10) aufweisen. Ein Vergleich der Bilder
11 und 14, die beide an der Probe (D = 18 mm; d = 1,2 mm) erhalten wurden, zeigt hingegen im Fehlerbereich bei viskoelastischer Objektverformung eine etwas größere Störung der Inter-
ferenz-Grundstruktur als bei der Verformung durch einen Unterdruck. Diese leichte Verbesserung des Auflösungsvermögens wurde
durch weitere Experimente bestätigt, die folgende Fehlernachweisgrenzen bei viskoelastischer Objektverformung ergaben:

$$D = 9 \text{ mm} \quad \text{für} \quad d = 0,6 \text{ mm}$$
$$D = 12 \text{ mm} \quad \text{für} \quad d = 0,8 \text{ mm}$$
$$D = 14 \text{ mm} \quad \text{für} \quad d = 1,2 \text{ mm}$$

Bei der Herstellung von Verbundelementen aus dks- und Spanplatten können fertigungstechnisch bedingt auch streifenförmige
Fehlverleimungen auftreten, die sich über einen größeren Bereich
erstrecken. Obwohl das Auflösungsvermögen für Fehlverleimungen
dieser Art nicht ermittelt wurde, ist davon auszugehen, daß ihre
Mindestbreite geringer ist als der kleinste Durchmesser einer
nachweisbaren kreisförmigen Fehlverleimung.

Die Ergebnisse der holografischen Untersuchungen mit drei Methoden der Objektverformung zeigen, daß die holografische Interferometrie zur zerstörungsfreien Ermittlung von Fehlverleimungen
in Verbundelementen aus Schichtstoff- und Spanplatten geeignet
ist. Das erreichbare Fehlerauflösungsvermögen hängt von der
Dicke der Schichtstoffplatte und der Methode der Objektverformung ab, wobei eine Verformung durch einen Unterdruck und eine
viskoelastische Verformung zu wesentlich besseren Ergebnissen
als eine thermische Verformung führen.

6. Untersuchungen an glasfaserverstärkten Wickelrohren

Nachdem in den Abschnitten 4. und 5. zwei Arten von Schichtverbundwerkstoffen behandelt wurden, sollen nun die Ergebnisse
der holografischen Prüfung hochfester glasfaserverstärkter
Wickelrohre (GFK-Rohre) dargestellt werden, die zur wichtigen
Kategorie der Faserverbundwerkstoffe gehören.

6.1 Beschreibung der GFK-Rohre

Für die GFK-Wickelrohre, deren Herstellung in /23/ ausführlich beschrieben ist, gelten folgende Spezifikationen:

Außendurchmesser:	107 mm
Innendurchmesser:	104,5 mm
Länge:	290 mm
Glasfaser:	S-2, 675 tex, Fa. OCF
Harz:	X 100 mit Härter H und Desmorapid DB der Firma Bayer AG, Leverkusen
Laminataufbau:	a) Die innere Ringwicklung RW1 wurde mit zwei Rovings (Glasfasersträngen) bei einer Steigung von 2,5 mm/Umdrehung hergestellt.
	b) Die Axiallage Ax besteht aus 192 Rovings, die gleichmäßig auf dem Umfang verteilt sind.
	c) Die äußere Ringwicklung RW2 wurde mit zwei Rovings bei einer Steigung von 2,5 mm/Umdrehung hergestellt.

Für die Untersuchungen standen vier GFK-Rohre ohne absichtlich erzeugte Herstellungsfehler und 16 Rohre mit den nachfolgend zusammengestellten Fehlern im Laminataufbau zur Verfügung:

Rohr Nr. 1: Aus RW1 1 Roving über $45°$ am Umfang entfernt
        2: Aus RW1 2 Rovings über $45°$ am Umfang entfernt
        3: Aus RW1 1 Roving über $90°$ am Umfang entfernt
        4: Aus RW1 2 Rovings über $90°$ am Umfang entfernt

Rohr Nr. 5: Aus RW1 2 Rovings über 180° am Umfang entfernt
     6: Aus RW1 2 Rovings über 360° am Umfang entfernt
     7: In RW1 1 Roving durchgeschnitten
     8: In RW1 2 Rovings durchgeschnitten
     9: Aus Ax 1 Roving über 50 mm entfernt
    10: Aus Ax 2 Rovings über 50 mm entfernt
    11: In Ax 1 Roving durchgeschnitten
    12: In Ax 2 Rovings durchgeschnitten
 13 - 16: Entsprechend Nr. 1 - 4, aber für RW2

6.2 Versuchsdurchführung und Ergebnisse

Bei den holografischen Untersuchungen erfolgte die Verformung der GFK-Rohre durch eine Temperaturänderung oder eine Änderung des Innendrucks.

- <u>Thermische Objektverformung</u>

Um die erforderliche geringe Änderung der Temperatur der GFK-Rohre zu erzeugen, wurden folgende Methoden erprobt:
  a) Erwärmung von außen durch die Wärmestrahlung einer Infrarotlampe
  b) Erwärmung von innen durch einen Heizdraht bzw. eine Heizbandage, die auf einem axial im Inneren des Rohres angeordneten Stab aus einem isolierenden Material aufgewickelt waren.
  c) Erwärmung in einem Trockenschrank bei einer Temperatur von 40 °C während einer Zeitdauer von 10 min.

Da diese letzte Methode zu den besten Ergebnissen führte, sollen hierzu noch einige weitere Angaben gemacht werden:
Nach der Entnahme aus dem Trockenschrank wurde das GFK-Rohr auf die vorjustierte Halterung -Metallprismen auf stabilen Metallsockeln- gelegt und befand sich auf diese Weise sofort in der richtigen Position. Die erste Belichtung der Hologrammplatte zur Aufnahme des Bezugshologramms erfolgte ca. 30 s nach der Entnahme des Rohres aus dem Trockenschrank. Nach einer weiteren Wartezeit zwischen 30 s - 90 s, während der eine geringe Abkühlung und somit auch eine leichte thermische Verformung des

Rohres stattfand, wurde die zweite Belichtung der Hologrammplatte vorgenommen.

Auf den holografischen Doppelbelichtungs-Interferogrammen, die auf diese Weise von den GFK-Rohren erhalten wurden, konnten Fehler im Laminataufbau nur in der äußeren Ringwicklung nachgewiesen werden. Insbesondere wurden die in den Rohren Nr. 14, 15 und 16 vorhandenen Fehler eindeutig ermittelt. Da die Prüfergebnisse aber bei einer Verformung des GFK-Rohres durch Änderung des Innendrucks weiter verbessert werden konnten, wird auf die Wiedergabe der nach einer thermischen Objektverformung erhaltenen Interferogramme verzichtet.

- <u>Objektverformung durch Änderung des Innendrucks</u>

Bei diesen Untersuchungen erfolgte die Aufnahme des Bezugshologramms bei Atmosphärendruck im Inneren des GFK-Rohres. Danach wurde der Luftdruck im Rohr um maximal 960 mbar verringert und nach einer Wartezeit von ca. 5 min die zweite Belichtung der Hologrammplatte vorgenommen.

Die ersten derartigen Untersuchungen zeigten, daß sowohl die Halterung als auch die Abdichtvorrichtung zu unerwünschten Spannungen in den Rohren führen konnten. Hieraus ergaben sich Verformungen, die im Verlauf der Interferenzlinien sichtbar wurden und Materialfehler vortäuschten. Erst nachdem für die Halterung und Abdichtung der Rohre eine geeignete Vorrichtung zur Verfügung stand, wurden reproduzierbare Ergebnisse erhalten, die nachfolgend dargestellt werden.

Bild 15 zeigt das Doppelbelichtungs-Interferogramm eines durch einen Unterdruck $\Delta p = 300$ mbar verformten GFK-Rohres. Man erkennt auf diesem Interferogramm ein System geschlossener Interferenzlinien, die im mittleren Bereich des Rohres annähernd elliptischen Verlauf haben, während an den beiden Rohrenden ein geringer Einfluß der Einspannung bzw. Abdichtung festzustellen ist.

Ein ähnlicher elliptischer Interferenzlinienverlauf ergibt sich auch bei der Berechnung des Interferenzmusters mit dem Ellipsoiden-Verfahren von Abramson /24,25,26/ unter der Voraussetzung einer gleichmäßigen Ausdehnung des Rohres in axialer und radialer Richtung.

Von den Wickelfehlern in der inneren Ringwicklung RW1 konnten die Fehler in den Rohren Nr. 6, 5 und 4 (je zwei Rovings über $360°$, $180°$ und $90°$ am Umfang entfernt) nachgewiesen werden. Als Beispiel hierfür zeigt Bild 16 das Ergebnis der Untersuchung von Rohr Nr. 5 für $\Delta p = 400$ mbar.

In der Axiallage konnten durchgeschnittene Rovings (Proben Nr. 11 und 12) im Gegensatz zu entfernten Rovings (Proben Nr. 9 und 10) nicht festgestellt werden. Bild 17 zeigt das Ergebnis dieser Untersuchungen für Rohr Nr. 10. Man erkennt einige zusätzliche Interferenzlinien im Bereich des Fehlers, so daß dieser deutlich in Erscheinung tritt.

Die holografischen Untersuchungen an Rohren mit Wickelfehlern in der äußeren Ringwicklung RW2 ergaben entsprechend Bild 18 für Rohr Nr. 13, daß bereits ein über $45°$ am Umfang entfernter Roving einwandfrei als Fehler sichtbar wird.

Zusammenfassend ist zu bemerken, daß die holografische Interferometrie zur Ermittlung von Wickelfehlern in GFK-Rohren geeignet ist, wobei eine Verformung der Rohre durch einen Unterdruck zu wesentlich besseren Ergebnissen führte als eine thermische Verformung. Da die Halterung und Abdichtung der Rohre sowie ihr Laminataufbau in vielfältiger Weise den Interferenzlinienverlauf beeinflussen können, erscheint eine eindeutige Interpretation der holografischen Interferogramme allerdings wesentlich schwieriger als bei Waben- und Dks-Platten sowie bei anderen Verbundwerkstoffen. Diese Aussage gilt auch für die Ermittlung des bei GFK-Rohren holografisch erreichbaren Fehlerauflösungsvermögens, da bereits relativ geringe Materialinhomogenitäten zu Störungen im Interferenzlinienverlauf führen und Fehlinterpretationen bewirken können. Trotz dieser Schwierigkeiten ist die holografische Interferometrie aber zweifelsohne zur gezielten zerstörungsfreien Prüfung von GFK-Teilen geeignet.

7. Die holografische Prüfung metallischer Überzüge

Metallische Überzüge werden in vielfältiger Form zum Schutz von Oberflächen und zur Erzielung besonderer Eigenschaften verwendet. Materialien mit einer derartigen Oberflächenschutzschicht können als Verbundwerkstoffe bezeichnet werden, da sie deren charakteristische Eigenschaft besitzen, aus mehreren Komponenten zu bestehen, wobei auch hier wieder die Möglichkeit einer mangelhaften Verbindung zwischen der Oberflächenschicht und dem darunter liegenden Material gegeben ist.

Die Haftung metallischer Überzüge am Grundmaterial ist eine wichtige qualitätsbestimmende Eigenschaft, die qualitativ oder halbquantitativ durch Reiben, Hämmern, Feilen, Biegen, Wickeln, Temperaturwechsel, Wasserstoffdiffusion und Abscherverfahren, quantitativ mit verschiedenen Abreißmethoden ermittelt werden kann /27/. Diese Verfahren, die teilweise nur bei bestimmten Überzügen anwendbar sind, führen nicht immer zu reproduzierbaren Ergebnissen. Die quantitativen Methoden sind außerdem schwierig und zeitraubend und erfordern besondere Prüfbedingungen.

Aufgrund dieser wenig befriedigenden Prüfmöglichkeiten und der bisherigen Erfahrungen mit der holografischen Interferometrie war es naheliegend, auch dieses zerstörungsfreie Prüfverfahren an Blechen mit Metallüberzügen zu erproben /28, 29/. Für dieses Verfahren sprach auch die im allgemeinen nur sehr geringe Belastung des Prüfobjektes sowie die Möglichkeit, auch größere Objekte beliebiger Gestalt und Materialien untersuchen zu können.

7.1 Angaben zu den Prüfobjekten

Um zu konkreten Aussagen über die Möglichkeiten einer holografischen Ermittlung von Haftungsschäden bei metallischen Überzügen zu kommen, mußten zunächst geeignete Prüfobjekte hergestellt werden. Hierfür kamen Bleche mit einem Metallüberzug in Frage, dessen Haftung am Grundmaterial jeweils in einem kreisförmigen Bereich von vorgegebenem Durchmesser vollständig aufgehoben war.

Zur Herstellung derartiger Prüfobjekte wurde zunächst auf Messingblechen eine völlig fettfreie, metallisch reine Oberfläche erzeugt und dann in einem Bereich von 2 - 40 mm Durchmesser 20 %iger Chromsäure ausgesetzt, wobei Schablonen aus säurebeständigem Material mit Öffnungen in der Größe des gewünschten Fehlers verwendet wurden. Auf diese Bleche wurde anschließend ein gleichmäßiger, porenfreier Mattnickelüberzug galvanisch aufgebracht, der im Fehlerbereich vollständig vom Grundmetall abgelöst war und bei den holografischen Untersuchungen eine diffuse Reflexion des Laserlichtes ohne störende Spiegelungen ergab. Für die holografische Prüfung standen somit Bleche mit folgenden Maßen bzw. Eigenschaften zur Verfügung:

>   Grundmaterial: Messing (CuZn37)
>   Abmessungen: 100 mm × 100 mm × 1 mm
>   Art des Metallüberzugs: Nickel (matt)
>   Dicke des Metallüberzugs: 0,01 mm; 0,02 mm; 0,03 mm
>   Durchmesser des abgelösten Bereichs: 2 mm - 40 mm

7.2 Versuchsdurchführung und Ergebnisse

Für die holografische Prüfung der vernickelten Messingbleche wurden ebenfalls mehrere Methoden der Objektverformung erprobt. Hierbei handelte es sich um eine Verformung durch

- einen einseitig wirkenden Unterdruck,
- eine Biegebeanspruchung und
- eine Temperaturänderung.

Da eine thermische Objektverformung zu den eindeutig besten Ergebnissen führte, soll nachfolgend nur hierauf ausführlicher eingegangen werden.

Die erforderliche Temperaturänderung wurde durch die Wärmestrahlung einer Infrarotlampe von 250 W in 25 cm Abstand von der Plattenvorderseite, d.h. auf der Seite des einfallenden Laserlichtes bewirkt. Nach der Erwärmung der Probe von Raumtemperatur auf ca. 27 - 29 °C erfolgte die erste Belichtung der Hologrammplatte und nach einer Wartezeit von einigen Minuten, in der eine

Verringerung der Probentemperatur um ca. 2 °C eintrat, die
zweite Aufnahme. Die Einzelbelichtungszeit betrug jeweils 1 s,
die durch Vorversuche ermittelte Abkühlzeit von 1 - 5 min ergab
sich aus der Forderung nach einer für die Fehlererkennung günstigen Interferenzliniendichte.

Das Ergebnis dieser holografischen Untersuchungen an den Probeblechen mit einer Nickelschicht der Dicke d = 0,03 mm und den
Fehlerdurchmessern D = 40 mm, 20 mm und 10 mm ist auf den Abb.
19, 20 und 21 dargestellt, die einen Teilbereich der Probe von
jeweils 60 mm × 60 mm Größe zeigen. Auf diesen Interferogrammen
erkennt man das Grundmuster, das die thermische Verformung der
Probe wiedergibt und im Bereich der Ablösung eine auffallende
Richtungsänderung der Interferenzlinien. Hierdurch wird der Verbindungsfehler zwischen dem Nickelüberzug und dem Messingblech
deutlich sichtbar und darüber hinaus ist auch eine relativ genaue Aussage über die Größe des Fehlers möglich.

Bei der Untersuchung der Proben (d = 0,02 mm; D = 10 mm) und
(d = 0,01 mm; D = 10 mm) ergaben sich die auf den Abb. 22 und 23
dargestellten holografischen Doppelbelichtungs-Interferogramme.
Die Störung des Interferenzmusters im Fehlerbereich ist hier
noch deutlicher zu erkennen als auf Bild 21 von der Probe
(d = 0,03 mm; D = 10 mm) mit dem gleichen Fehlerdurchmesser,
aber einer größeren Dicke des Nickelüberzugs.

Aufgrund dieser experimentellen Ergebnisse war der prinzipielle
Nachweis erbracht, daß Haftungsschäden von Nickelüberzügen auf
Messingblechen holografisch festgestellt werden können. Nun
mußte noch die Fehlernachweisgrenze, d.h. der Durchmesser der
kleinsten holografisch erfaßbaren Ablösung in Abhängigkeit von
der Dicke des Überzugs ermittelt werden. Ergebnisse dieser
Untersuchungen zeigen die Abb. 24 - 29. Für D = 6 mm und die
Schichtdicken d = 0,03 mm, 0,02 mm und 0,01 mm (Abb. 24, 25, 26)
ist die Ablösung als Anomalie im Verlauf der Interferenzlinien
deutlich zu erkennen. Gleichzeitig ist aber auch hier festzustellen, daß bei Zunahme der Schichtdicke d die Störung des
Grundmusters immer geringer wird. Dies ist auf die mit d zunehmende Steifigkeit der Deckschicht zurückzuführen, die ther-

misch bedingten Eigenverformungen des Fehlerbereichs entgegenwirkt. Wie die Abbildungen 27, 28 und 29 zeigen, gelten diese Beobachtungen auch für Ablösungen von 3 mm Durchmesser. Während für d = 0,03 mm (Bild 27) keine unmittelbar feststellbare Störung des Interferenzmusters im Fehlerbereich auftritt, ist die Ablösung bei den geringeren Deckschichtdicken d = 0,02 mm (Bild 28) und d = 0,01 mm (Bild 29) noch zu erkennen. Eine Ablösung von 2 mm Durchmesser konnte allerdings auch bei der kleinsten Deckschichtdicke von 0,01 mm nicht mehr ermittelt werden.

Aus diesen Ergebnissen folgt, daß die holografische Interferometrie zur Ermittlung von Ablösungen galvanischer Nickelschichten von Messingblechen geeignet ist, wobei folgendes Auflösungsvermögen erreicht wird:
Für Deckschichten von d = 0,01 mm und 0,02 mm Dicke werden Ablösungen mit einem Durchmesser D ≥ 3 mm holografisch erfaßt. Für d = 0,03 mm vergrößert sich der Mindestdurchmesser der nachweisbaren Ablösung auf ca. 4 mm.

8. Zusammenfassung

In dem vorliegenden Bericht werden die Ergebnisse von Untersuchungen dargestellt, die mit dem Doppelbelichtungsverfahren der holografischen Interferometrie an mehreren Arten von Verbundwerkstoffen erhalten wurden. Diese Untersuchungen wurden an

- Sandwich-Verbundplatten mit Wabenkern,
- Verbundelementen aus Schichtstoff- und Spanplatten,
- glasfaserverstärkten Wickelrohren und
- galvanischen Nickelüberzügen auf Messingblechen

vorgenommen und führten zu den nachfolgend zusammengefaßten Ergebnissen:

Die holografische Interferometrie ist zur Ermittlung von Ablösungen zwischen der Deckschicht und dem Wabenkern in entsprechenden Sandwich-Verbundplatten bestens geeignet, wobei das Auflösungs-

vermögen etwa bei der Größe einer Wabe liegt. Als Methoden der
Objektverformung kommen gleichermaßen eine Temperatur- oder
Druckänderung, eine Schwingungsanregung im Ultraschallbereich
oder eine viskoelastische Rückverformung nach einer mechanischen
Beanspruchung der Probe in Betracht.

Bei der holografischen Ermittlung von Fehlverleimungen in Verbundelementen aus Schichtstoff- und Spanplatten wurde festgestellt, daß das erreichbare Fehlerauflösungsvermögen in beträchtlichem Maße durch die Dicke der aufgeleimten Schichtstoffplatte und die Methode der Objektverformung beeinflußt wird.
Die nach einer thermischen Objektverformung erhaltenen Werte
für den Mindestdurchmesser D der holografisch erfaßbaren Fehlverleimung lagen beträchtlich höher als die entsprechenden Ergebnisse nach einer Verformung der Verbundplatte durch einen
Unterdruck oder aufgrund ihrer viskoelastischen Eigenschaften.
Die letztgenannte Art der Objektverformung, die sich als
günstigste erwies, führte bei den Dicken d = 0,6 mm; 0,8 mm und
1,2 mm der Schichtstoffplatte zu den unteren Grenzwerten
D = 9 mm; 12 mm und 14 mm für den Durchmesser des holografisch
jeweils feststellbaren fehlverleimten Bereichs.

Das holografische Prüfverfahren wurde auch an glasfaserverstärkten Wickelrohren erprobt, deren Laminataufbau aus einer
inneren und einer äußeren Ringwicklung bestand, die durch eine
Axiallage getrennt waren. Für die Untersuchungen, bei denen die
Rohre thermisch oder durch eine Änderung des Innendrucks verformt wurden, standen neben fehlerfreien Prüfobjekten auch
solche mit absichtlich in den beiden Ringwicklungen und der
Axiallage erzeugten Fehlern zur Verfügung. Die experimentellen
Ergebnisse zeigten deutlich, daß eine Verformung der GFK-Rohre
durch Änderung des Innendrucks für den holografischen Fehlernachweis wesentlich günstiger war als eine thermische Objektverformung. In der inneren Ringwicklung konnten nach einer
Druckänderung zwei über mindestens $90°$ am Umfang entfernte
Rovings einwandfrei nachgewiesen werden, während in der äußeren
Ringwicklung bereits ein über $45°$ entfernter Roving festgestellt
wurde. In der Axiallage wurde ein über 50 mm entfernter Roving
als Wickelfehler erkannt. Ein Fehler im Laminataufbau, bestehend

aus einem oder zwei durchgeschnittenen Rovings, wurde hingegen in keiner der drei Wickellagen erfaßt.

Allgemein war bei diesen Untersuchungen festzustellen, daß die Interferenzlinien aufgrund des relativ komplizierten Aufbaus der GFK-Rohre einen wesentlich unruhigeren Verlauf zeigten als bei den anderen Prüfobjekten, so daß die Interpretation der Ergebnisse und die Ermittlung eventuell vorhandener Materialfehler schwieriger wurde.

Bei der Anwendung der holografischen Interferometrie zur zerstörungsfreien Bestimmung von Haftungsschäden in galvanisch vernickelten Messingblechen erfolgte die Verformung der Testplatten durch eine einseitig wirkende Änderung des Gasdrucks, eine Biegebeanspruchung oder eine Temperaturänderung. Wie ein Vergleich der hierbei erhaltenen Interferogramme zeigt, führte die thermische Objektverformung zu den besten Prüfergebnissen und ermöglichte den Nachweis von Ablösungen zwischen der Nickelschicht und dem Grundmetall bis zu einem Mindestdurchmesser von nur 3 mm.

Die dargestellten Ergebnisse zeigen, daß die holografische Interferometrie mit gutem Erfolg zur Ermittlung von Ablösungen in Schichtverbundwerkstoffen und Oberflächenschutzschichten sowie von Fehlern im Laminataufbau von glasfaserverstärkten Wickelkörpern aus der Kategorie der Faserverbundwerkstoffe eingesetzt werden kann. Aus diesen Untersuchungen ergab sich auch das jeweils erreichbare Fehlerauflösungsvermögen, wobei festgestellt wurde, daß dieses beträchtlich von der Methode abhängen kann, mit der die erforderliche Objektverformung von einigen 10^{-3} mm vorgenommen wird.

Diese Ergebnisse könnten zu einer weiteren Verbreitung der holografischen Interferometrie beitragen, die als Prüfverfahren für Verbundwerkstoffe insbesondere dann interessant ist, wenn die Ermittlung von Materialfehlern zerstörungsfrei, berührungslos und mit einer möglichst geringen Belastung der Probe erfolgen soll.

9. Literatur

/1/ Heitz, E.: GFK im Flugwesen, Kunststofftechnik 12, 97 - 102 (1973).

/2/ Wurtinger, H.: Kernverbunde als tragende Konstruktionselemente, Kunststoff-Berater 7, 562 - 569 (1972).

/3/ Seymour, R.B.: Verstärkte Kunststoffe zeigen Aufwärtstrend, Kunststofftechnik 13, 125 - 128 (1974).

/4/ Heitz, E.: Einsatzbeispiele der Verbundtechnik, Kunststofftechnik 12, 180 - 184 (1973).

/5/ Carroll-Porczynski, C.Z.: Advanced Materials. Refractory Fibres, Fibrous Metals, Composites, Astex Publishing Company LTD, Guidford (1969).

/6/ Taprogge, R., Scharwächter, R. und P. Hahnel: Faserverstärkte Hochleistungsverbundwerkstoffe, Vogel Verlag, Würzburg (1975).

/7/ Broutman, L.J. und R.H. Krock, Ed.: Composite Materials, Bd. 1 - 8, Academic Press, New York und London (1975).

/8/ Lubin, G., Ed.: Handbook of Fiberglass and Advanced Plastics Composites, Van Nostrand Reinhold Company, New York (1969).

/9/ Schlichting, J. u.a.: Verbundwerkstoffe, Lexika-Verlag, Grafenau/Württ. (1978).

/10/ Jones, R.M.: Mechanics of Composite Materials, Mc Graw-Hill (1975).

/11/ Fitzer, E. und M. Heym: Faserverstärkte Verbundwerkstoffe, Z. f. Werkstofftechnik 7, 269 - 279 (1976).

/12/ Buhmann, K.-P., Stelling, H.-A. und Th. Winkler: Zerstörungsfreie Prüfverfahren für Verbundwerkstoffe, Kunststoffe 64, 750 - 760 (1974).

/13/ Erf, R.K.: Holographic Nondestructive Testing, Academic Press, New York und London (1974).

/14/ Wells, D.R.: NDT of Sandwich Structures by Holographic Interferometry, Materials Evaluation 27, 225 - 231 (1969).

/15/ Grünewald, K., von Harnier, A., Roth, E. und W. Fritsch: Zerstörungsfreie Prüfung glasfaserverstärkter Kunststoffplatten mittels holographischer Interferometrie, Kunststofftechnik 13, 98 - 100 u. 135 - 137 (1974).

/16/ Collier, R.J., Burckhardt, C.B. und L.H. Lin: Optical Holography, Academic Press, New York und London (1971).

/17/ Brown, G.M., Grant, R.M. und G.W. Stroke: Theory of Holographic Interferometry, J. Acoust. Soc. Am. 45, 1166 - 1179 (1969).

/18/ Neumann, W.: Zerstörungsfreie Werkstoffprüfung mittels holografischer Interferometrie, Forschungsbericht des Landes Nordrhein-Westfalen Nr.2619, Westdeutscher Verlag (1977).

/19/ Kreitlow, H. und W. Jüptner: Fehlererkennung in festen Materialien mit Hilfe der holografischen Schwingungsanalyse, (ATM) Archiv für technisches Messen, Blatt V 91199, 25 - 28 (1973).

/20/ Neumann, W.: Holografische Schwingungsuntersuchungen, Forschungsbericht des Landes Nordrhein-Westfalen Nr. 3005, Westdeutscher Verlag (1981).

/21/ Neumann, W. und K. Breuer: Holografische Ermittlung von Fehlverleimungen in Verbundelementen aus Schichtstoff- und Spanplatten, Kunststoffe 69, 167 - 171 (1979).

/22/ Champagne, E.: Proc. Symp. Engng. Appl. Holography, Redondo Beach, Calif./USA (1972).

/23/ von Gerlach, J. und A. Homburg: Herstellung hochfester GFK-Wickelrohre für spezielle Anwendungen, Kunststoffe 65, 673 - 677 (1975).

/24/ Abramson, N.: The Holo-Diagram: A Practical Device for Making and Evaluating Holograms, Applied Optics 8, 1235 - 1240 (1969).

/25/ Abramson, N.: The Holo-Diagram. V: A Device for Practical Interpreting of Hologram Interference Fringes, Applied Optics 11, 1143 - 1147 (1972).

/26/ Abramson, N.: The Holo-Diagram. VI: Practical Device in Coherent Optics, Applied Optics 11, 2562 - 2571 (1972).

/27/ Biestek, T. und S. Sekowski: Methoden zur Prüfung metallischer Überzüge, Leuze Verlag, Saulgau/Württ. (1973).

/28/ Neumann, W. und G. Kloetz: Holografische Prüfung metallischer Überzüge, Galvanotechnik 70, 339 - 344 (1979).

/29/ Neumann, W. und K. Breuer: Holografische Prüfung metallischer Überzüge II, Galvanotechnik 71, 982 - 986 (1980).

10. Bildanhang

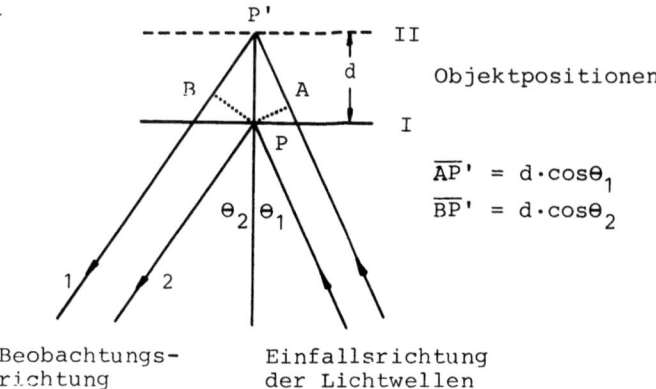

Bild 1: Geometrische Verhältnisse beim Doppelbelichtungsverfahren der holografischen Interferometrie.
Der geometrische Wegunterschied zwischen den Wellen 1 und 2 beträgt $\Delta s = d \cdot (\cos\theta_1 + \cos\theta_2)$. Δs führt zu einem Intensitätsminimum, wenn der resultierende Phasenunterschied $\Delta\varphi = (2\pi/\lambda) \cdot \Delta s = (2n + 1) \cdot \pi$ ist.

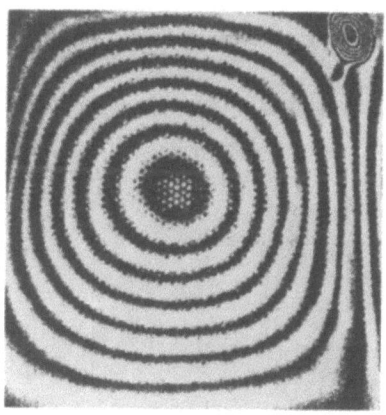

Bild 2: Holografisches Doppelbelichtungs-Interferogramm einer Waben-Sandwichplatte mit einem Klebefehler zwischen dem hexagonalen, harzgetränkten Papier-Wabenkern und der vorderen GFK-Deckschicht. Die Objektverformung erfolgte durch eine geringe Erwärmung der vorderen Deckschicht.
Dargestellter Bereich der Verbundplatte: 200 mm × 200 mm.

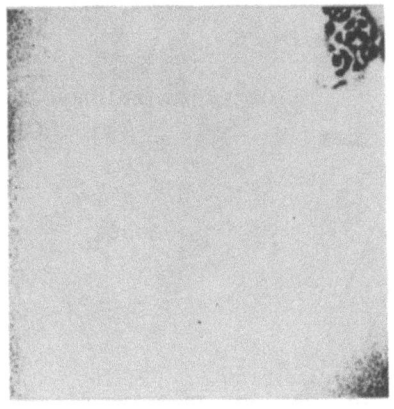

Bild 3: Holografisches Zeitmittelungs-Interferogramm der Waben-Sandwichplatte bei Anregung des Fehlerbereichs zu Schwingungen bei 19,5 kHz.

Bild 4: Holografisches Doppelbelichtungs-Interferogramm der Waben-Sandwichplatte nach einer Verformung durch einen Überdruck von 2 mbar.

Bild 5: Holografisches Doppelbelichtungs-Interferogramm der Waben-Sandwichplatte bei viskoelastischer Rückverformung nach einer Biegebeanspruchung. Wartezeit zwischen den beiden Belichtungen: 5 min.

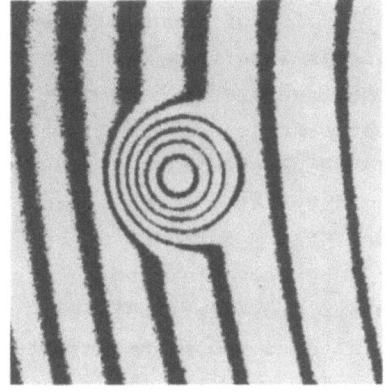

Bild 6: Holografisches Doppelbelichtungs-Interferogramm eines Verbundelementes Schichtstoff-Spanplatte mit einer kreisförmigen Fehlverleimung bei thermischer Objektverformung. Durchmesser der Fehlverleimung: $D = 50$ mm; Dicke der Schichtstoffplatte: $d = 0,6$ mm; Heizzeit: $t_h = 0,5$ s; dargestellter Bereich: 100 mm × 100 mm.

Bild 7: $D = 50$ mm; $d = 0,8$ mm; $t_h = 6$ s. Weitere Angaben wie bei Bild 6.

Bild 8: $D = 50$ mm; $d = 1,2$ mm; $t_h = 10$ s. Weitere Angaben wie bei Bild 6.

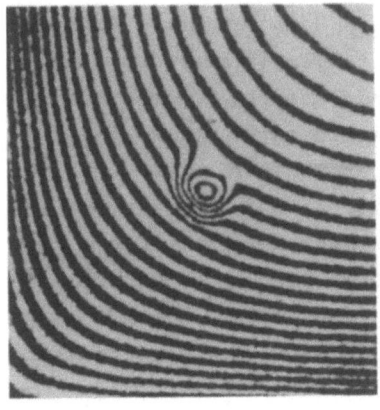

Bild 9: Holografisches Doppelbelichtungs-Interferogramm eines Verbundelementes Schichtstoff-Spanplatte mit einer kreisförmigen Fehlverleimung. Verformung der Platte durch einen Unterdruck Δp = 59 mbar. Durchmesser der Fehlverleimung: D = 18 mm; Dicke der Schichtstoffplatte: d = 0,6 mm; Objektbereich: 100 mm × 100 mm.

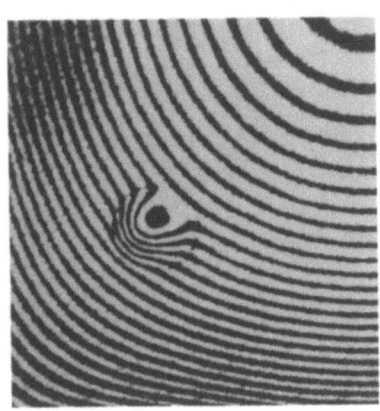

Bild 10: D = 18 mm; d = 0,8 mm; Δp = 59 mbar. Weitere Angaben wie bei Bild 9.

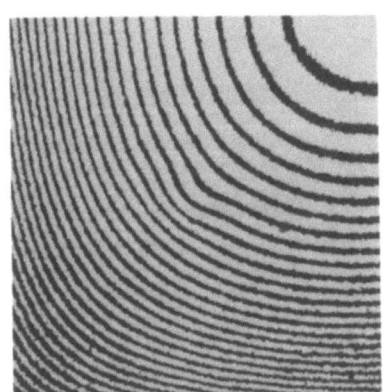

Bild 11: D = 18 mm; d = 1,2 mm; Δp = 88 mbar. Weitere Angaben wie bei Bild 9.

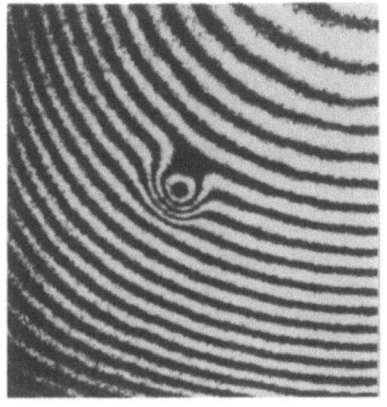

Bild 12: Prüfobjekt wie bei Bild 9, aber viskoelastische Verformung nach einer Druckbeanspruchung Δp = 530 mbar. Belastungszeit: t_b = 10 min; Wartezeit zwischen den beiden Aufnahmen: t_w = 5 min.

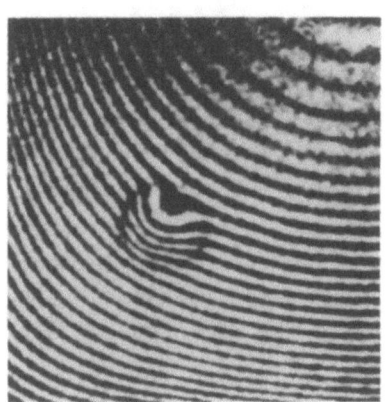

Bild 13: Prüfobjekt wie bei Bild 10, aber viskoelastische Verformung nach einer Druckbeanspruchung Δp = 670 mbar. t_b = 10 min; t_w = 2 min.

Bild 14: Prüfobjekt wie bei Bild 11, aber viskoelastische Verformung nach einer Druckbeanspruchung Δp = 800 mbar. t_b = 10 min; t_w = 10 min.

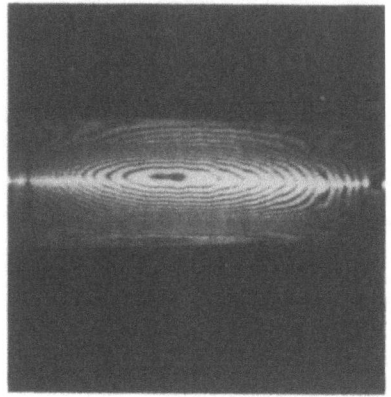

Bild 15: Holografisches Doppelbelichtungs-Interferogramm eines GFK-Rohres ohne Wickelfehler, das durch einen Unterdruck $\Delta p = 300$ mbar verformt wurde.

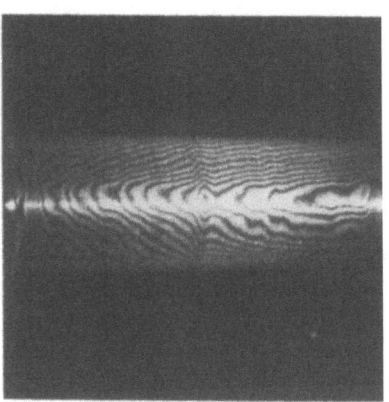

Bild 16: Holografisches Doppelbelichtungs-Interferogramm eines GFK-Rohres, in dessen innerer Ringwicklung bei der Herstellung zwei Rovings über 180° am Umfang entfernt wurden. Die Verformung des Rohres erfolgte durch einen Unterdruck $\Delta p = 400$ mbar.

Bild 17: Holografisches Doppelbelichtungs-Interferogramm eines GFK-Rohres, in dessen Axiallage bei der Herstellung zwei Rovings über 50 mm entfernt wurden. Die Verformung erfolgte durch einen Unterdruck $\Delta p = 300$ mbar.

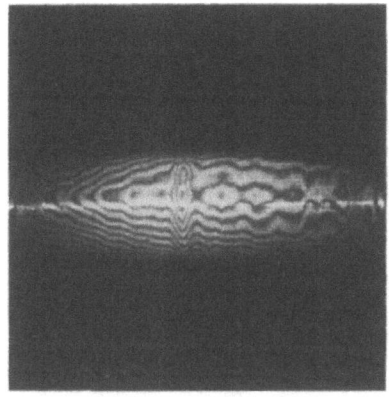

Bild 18: Holografisches Doppelbelichtungs-Interferogramm eines GFK-Rohres, in dessen äußerer Ringwicklung bei der Herstellung ein Roving über 45° am Umfang entfernt wurde. Verformung des Rohres durch einen Unterdruck Δp = 480 mbar.

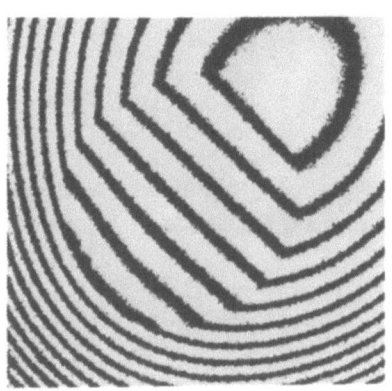

Bild 19: Holografisches Doppelbelichtungs-Interferogramm eines vernickelten Messingbleches mit einem Haftungsfehler, bei thermischer Verformung durch eine Temperaturänderung von ca. 2 °C. Durchmesser des Haftungsfehlers: D = 40 mm; Dicke der Nickelschicht: d = 0,03 mm; dargestellter Objektbereich: b = 60 mm × 60 mm.

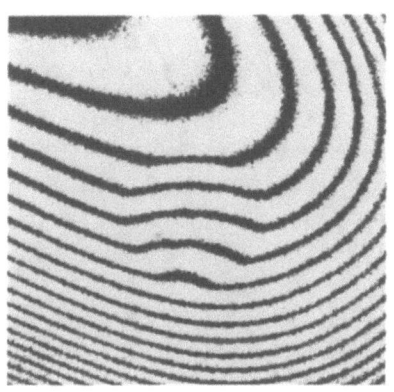

Bild 20: D = 20 mm; d = 0,03 mm. Weitere Angaben wie bei Bild 19.

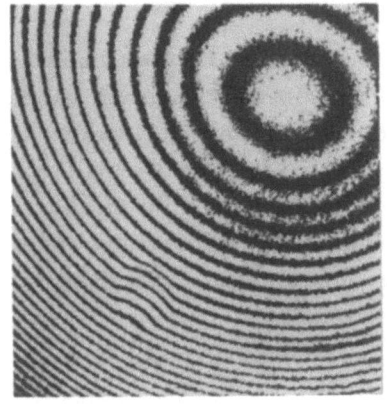

Bild 21: D = 10 mm; d = 0,03 mm.
Weitere Angaben wie bei Bild 19.

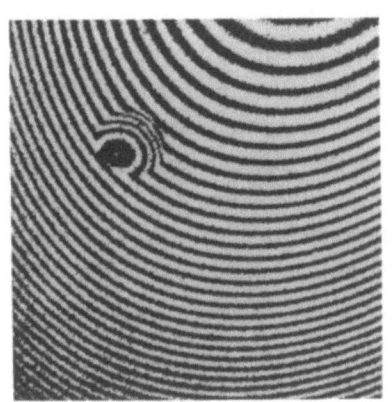

Bild 22: D = 10 mm; d = 0,02 mm.
Weitere Angaben wie bei Bild 19.

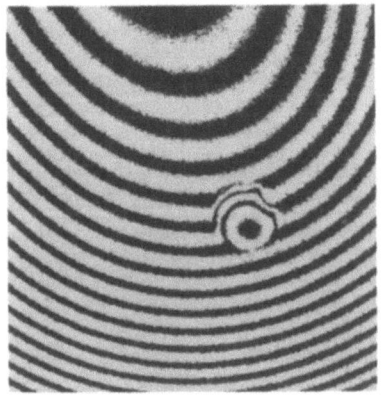

Bild 23: D = 10 mm; d = 0,01 mm.
Weitere Angaben wie bei Bild 19.

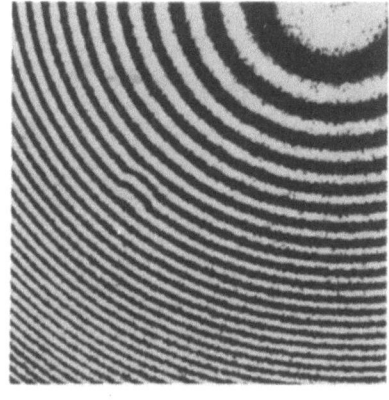

Bild 24: $D = 6$ mm; $d = 0,03$ mm; $b = 50$ mm × 50 mm. Weitere Angaben wie bei Bild 19.

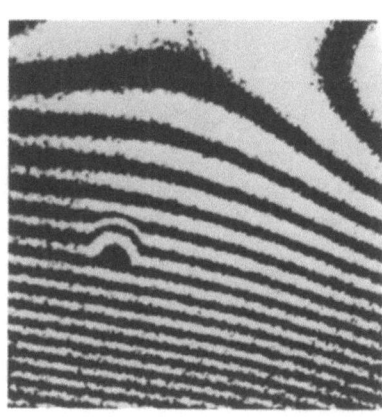

Bild 25: $D = 6$ mm; $d = 0,02$ mm; $b = 50$ mm × 50 mm. Weitere Angaben wie bei Bild 19.

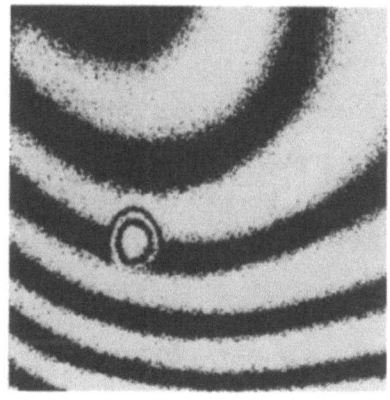

Bild 26: $D = 6$ mm; $d = 0,01$ mm; $b = 50$ mm × 50 mm. Weitere Angaben wie bei Bild 19.

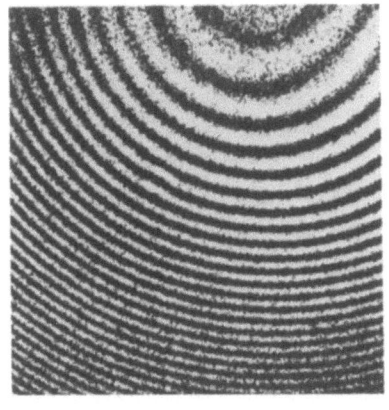

Bild 27: D = 3 mm; d = 0,03 mm; b = 50 mm × 50 mm. Weitere Angaben wie bei Bild 19.

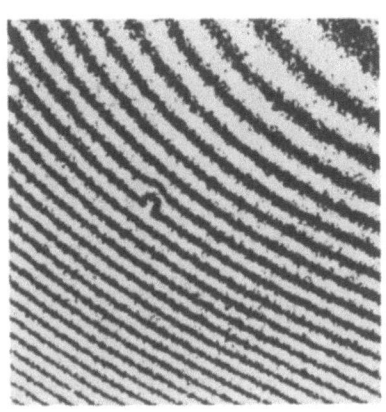

Bild 28: D = 3 mm; d = 0,02 mm; b = 50 mm × 50 mm. Weitere Angaben wie bei Bild 19.

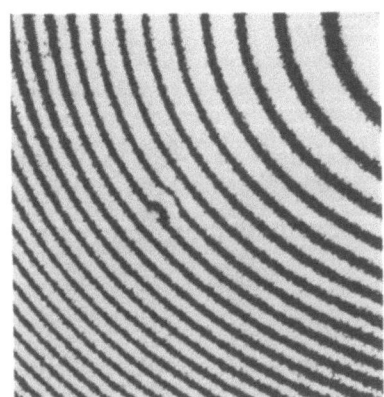

Bild 29: D = 3 mm; d = 0,01 mm; b = 50 mm × 50 mm. Weitere Angaben wie bei Bild 19.

MIX
Papier aus verantwortungsvollen Quellen
Paper from responsible sources
FSC® C105338

If you have any concerns about our products,
you can contact us on
ProductSafety@springernature.com

In case Publisher is established outside the EU,
the EU authorized representative is:
Springer Nature Customer Service Center GmbH
Europaplatz 3, 69115 Heidelberg, Germany

Printed by Libri Plureos GmbH
in Hamburg, Germany